启航篇

米吴科学漫话

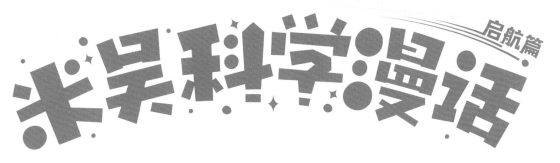

元素变变变

这不科学啊　著

中信出版集团 | 北京

图书在版编目（CIP）数据

元素变变变 / 这不科学啊著 . -- 北京：中信出版
社 , 2022.8
（米吴科学漫话 . 启航篇）
ISBN 978-7-5217-4407-1

Ⅰ . ①元… Ⅱ . ①这… Ⅲ . ①化学元素－青少年读物
Ⅳ . ① O611-49

中国版本图书馆 CIP 数据核字 (2022) 第 078062 号

元素变变变
（米吴科学漫话 · 启航篇）
著者： 这不科学啊
出版发行：中信出版集团股份有限公司
　　　　（北京市朝阳区惠新东街甲 4 号富盛大厦 2 座　邮编　100029）
承印者： 北京尚唐印刷包装有限公司

开本：787mm×1092mm 1/16　　　　印张：45　　　字数：565 千字
版次：2022 年 8 月第 1 版　　　　　印次：2022 年 8 月第 1 次印刷
书号：ISBN 978-7-5217-4407-1
定价：228.00 元（全 6 册）

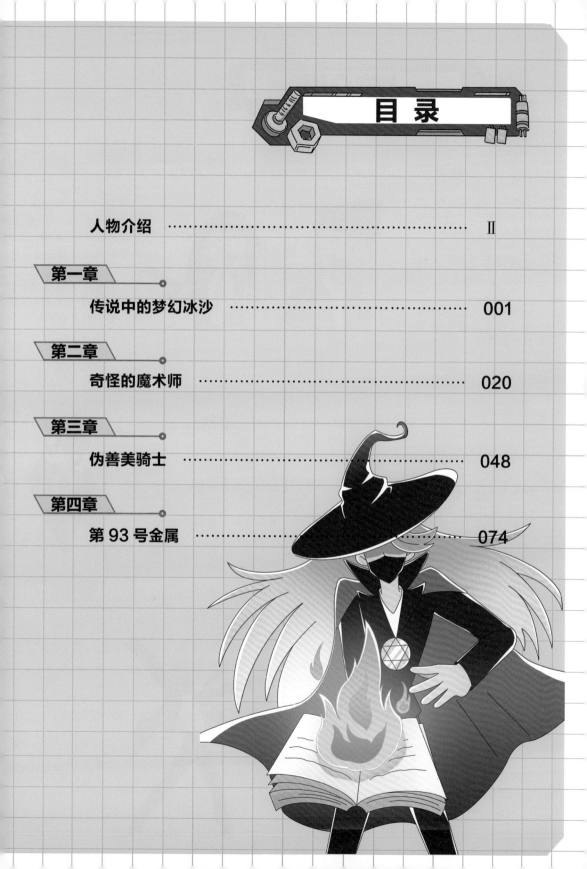

目 录

人物介绍 ………………………………………… II

第一章
传说中的梦幻冰沙 ………………………………… 001

第二章
奇怪的魔术师 ……………………………………… 020

第三章
伪善美骑士 ………………………………………… 048

第四章
第 93 号金属 ……………………………………… 074

人物介绍

米吴

头脑聪明，爱探索和思考的少年。

性情较为温和，生性懒散，喜欢睡觉。

获得科学之印后被激发了探索真理和研究科学的热情。

安可霏

喜欢浪漫幻想的女生。

经常与米吴争吵，但心地善良，内心戏丰富，是个科学小白，有乌鸦嘴属性。

喜欢画画，经常拿着一个画板。画得还不错，但风格抽象，别人难以欣赏。

胖尼狗

伴随科学之印出现的神秘机器人，平时藏在米吴的耳机中。

胖尼有查询资料、全息投影等能力，但要靠米吴的科学之印才能启动。

随着科学之印的填充，胖尼会不断获得新零件，最后拼成完整的身体。

金博士

一位对金属研究极度狂热的化学博士。

外表儒雅随和，实则冷静腹黑。

出手阔绰，是个隐形富豪。买下了一整座小岛作为自己的研究基地，并在小岛上建造了一栋全金属的别墅。

推销员

神经兮兮且极度自恋的"神棍""大忽悠"，为了推销产品可以谎话连篇。

如果不走歪门邪道，他应该是个不错的魔术师。

01 | 第一章
传说中的梦幻冰沙

大部分物质的固态会比它的液态重，但水和冰在一起的时候，

冰会浮出水面！

水可以冻成冰，

这就是

冰可以刨成冰沙，

它们同源而不同质，

梦幻水冰冰！

不就是一杯饮料嘛，搞那么浮夸干吗？

我来试试是什么梦幻滋味！

吸吸

猛吸

006

老板且慢！我给你看看，什么叫对水的尊重！

这是一瓶冰镇纯净水，它还没有结冰。

嗯嗯！还会流动！

但只要——

这样用力一振，

咚

就冻成冰了！

米吴，你太厉害了，这是什么魔法？

不，这是科学。

哼，雕虫小技。

我让你狡辩，狡辩！

我们要不要……帮帮他？

这水的颜色和味道没变，看来没有溶解性的杂质，只要把不溶于水的杂质过滤掉就可以了！

阿姨手下留情，这个问题我来解决！

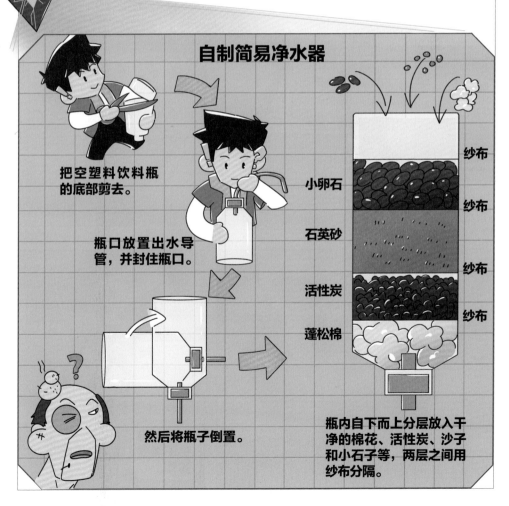

自制简易净水器

把空塑料饮料瓶的底部剪去。

瓶口放置出水导管，并封住瓶口。

然后将瓶子倒置。

纱布

小卵石

纱布

石英砂

纱布

活性炭

纱布

蓬松棉

瓶内自下而上分层放入干净的棉花、活性炭、沙子和小石子等，两层之间用纱布分隔。

咳咳……

对不起，老板，梦幻水冰冰真的太好喝了，请不要把我们拉黑！

快趁机道歉！

咳咳，我承认，你们是真正懂水的人。

从今以后，你们就是本店贵宾。

VIP

我也要感谢你们！

慈祥

就请你们尝尝我秘制的古早味水冰冰吧！

古早味水冰冰？！

新零件解锁

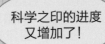

科学之印的进度又增加了！

胖尼之腹 · 残缺版

——肚子反应炉，可随时做实验的单人实验室

- 可调节温度、湿度等环境条件
- 自备多种实验器具和材料
- 防火，防盗，防爆炸

跟你说，我这个反应炉超厉害的！

嗯？

砰

嘀嘀嘀

13:50
5月5日 星期四

兄弟救急！
我忘带卫生纸了。

砰
砰

快给我出来啊，这不是厕所！

水是地球上最普通、最常见的物质之一。

它普遍存在于地球上的江河湖海、冰川和大气之中。

它进入矿物、山岩和泥土的组成成分中，存在于动植物体内。

水的化学式为 H_2O，是由两个氢原子和一个氧原子构成的**化合物**。

18世纪末以前，水一直被认为是一种元素，直到英国物理学家卡文迪什和法国化学家拉瓦锡分别做的氢和氧合成水，以及水蒸气通过炽热铁管分解成氢和氧的实验才确认：

水是氢和氧的化合物！

水的第四种形态

水一般分为固、液、气三种形态，但 2008 年科学家在探索大西洋底一处高温热液喷口时，意外发现了水的第四种形态——超临界水。

水在临界温度和压力（374.3 摄氏度、22.05 兆帕）环境下，不仅具有极强的氧化能力，还具有较强的融合能力和腐蚀力。

水

硬水　　软水

含有较多钙、镁、铁、锰等的可溶性盐类的水，我们称为硬水。

不含或只含少量钙、镁、铁、锰的可溶性盐类的水，则被称为软水。

长期饮用硬度很高的水不利于健康，生活中通常通过煮沸来降低水的硬度。

海水淡化

地球上水的储量虽然巨大，但其表面约 71% 是海洋，只有 2.5% 左右的水是淡水。

2.5%

虽然海水资源极其丰富，但并不能直接饮用，要将海洋咸水除去盐分，变成可利用的淡水。

冻结法

首先让海水冻结，迫使盐分集中在咸水里，然后将咸水排走，剩下的冰融化后就是所需的淡水了。

蒸馏法

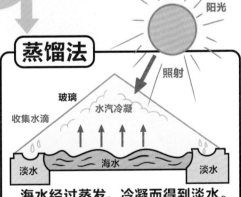

阳光

照射

玻璃

水汽冷凝

收集水滴

淡水　　海水　　淡水

海水经过蒸发、冷凝而得到淡水。太阳能海水淡化装置利用的就是蒸馏法。

02 | 第二章
奇怪的魔术师

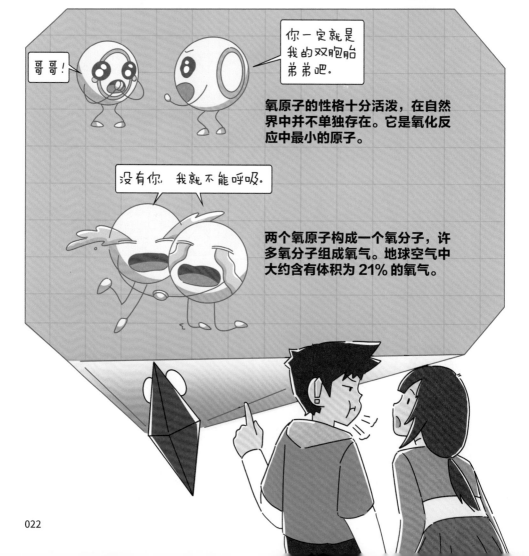

氧原子的性格十分活泼，在自然界中并不单独存在。它是氧化反应中最小的原子。

两个氧原子构成一个氧分子，许多氧分子组成氧气。地球空气中大约含有体积为 21% 的氧气。

完蛋了！我被他诅咒了！

嗯嗯，你说得对。

你到底有没有在认真听啊？知道他诅咒我什么吗？

他诅咒我身边的朋友喝水永远被呛到，水还会从鼻子里喷出来！

我对这种事没兴趣……

噗！

啊，真的应验了！
米吴，我对不起你！

算了算了……

跟你当朋友我都习惯倒霉了。

米吴，你真大度！

而且……

这个世界上没有魔法！

自习课

第二天

029

接着你再把作业本放在看不见的暗火上,作业本就燃烧起来了!

而你"施法"时所念的咒语应该就是……

$$C_2H_5OH + 3O_2 \xrightarrow{\text{点燃}} 2CO_2 + 3H_2O$$

酒精与空气中的氧气结合,点燃后发生完全氧化反应……

……发出淡蓝色火焰,生成二氧化碳和水。

你猜得没错.

我其实并不是什么魔法师……

不瞒大家说，我们召唤师之国最近也在招贤纳士呢……

喂！你们在干什么？

胖尼，检测这两种粉末！

了解！

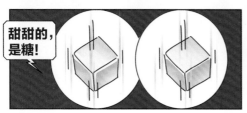

甜甜的，是糖！

冒泡泡的……是小苏打！

我知道了，刚刚那个应该是"法老之蛇"*！

你……你在瞎说什么！

你事先把糖、小苏打和酒精倒入道具盒里充分搅拌。

再将道具盒放在讲台上。

然后点燃混合粉末。

神奇的"地狱三头蛇"就出现了！

* 法老之蛇：一种化学膨胀反应实验。

而"地狱三头蛇"出现的奥秘就在这儿！

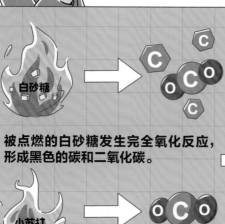

白砂糖

被点燃的白砂糖发生完全氧化反应，形成黑色的碳和二氧化碳。

小苏打

小苏打在受热后也会分解出大量的二氧化碳气体。

二氧化碳气体会不断将碳顶起来，看起来就像一条扭动的浴火黑蛇！

哈哈，这次真的不装了……

我其实是异能者……

你顶多就是一个略懂化学的街头魔术师！真正的化学比你这些雕虫小技有趣多了！

还想骗我们的钱，你还差得远呢！

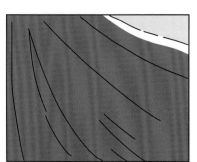

放学后

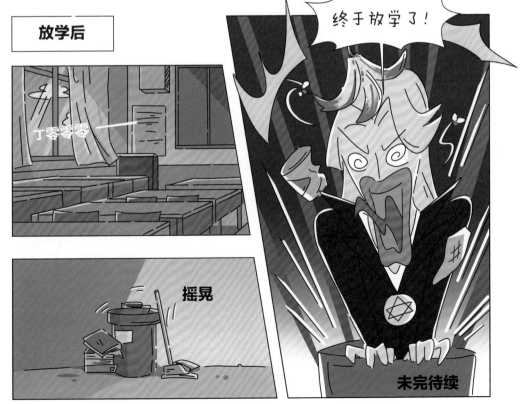

新零件解锁

科学之印的进度又增加了!

成分分析舌

——通过接触物体,分析出它的化学成分

- 检验结果立等可取
- 可检测具体元素

这是花岗岩做的,主要成分是二氧化硅。

胖尼,分析柱子成分!

胖尼,再分析一下这个!

舌头被粘在铁杆上了!

喵,脚窝!
(翻译:米吴,救我!)

我不认识你们。

侯德榜

1890—1974

著名科学家，杰出的化工专家，侯氏制碱法的创始人。20 世纪 20 年代，任亚洲第一座纯碱厂永利制碱公司技师长；30 年代，参与建成了中国第一座兼产合成氨、硝酸、硫酸和硫酸铵的联合企业；40—50 年代，又开发了联合生产纯碱与氯化铵的新工艺，创建了碳化法生产碳酸氢铵的新工艺，并使之在 60 年代实现了工业化和大面积推广。

科学家档案

2022.6

我们生活在一个物质不断变化的世界中，这些变化可以分成两类：

水结成冰　蜡烛熔化　只改变物质的形态而没有生成其他物质的变化叫物理变化。

铁生锈　酸碱中和生成盐和水　生成了其他物质的变化叫作化学变化。

化学的魔术

巨人牙膏

双氧水中加入洗洁精，再加入碘化钾。

瞬间喷出的大量泡沫，就像是从一个巨大的牙膏中挤出来的。

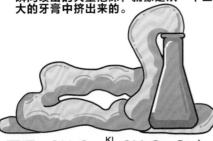

原理：$2H_2O_2 \xrightarrow{KI} 2H_2O+O_2\uparrow$

双氧水中的氧在碘化钾的催化剂作用下分离出大量氧气，氧气遇到洗洁精这样的发泡剂会产生大量泡沫，于是产生了泡沫喷涌而出的效果。

海底火山

把油倒进加了色素的水里，再放进一颗泡腾片。

彩色的小水珠不断向上喷涌，如同海底火山爆发一样。

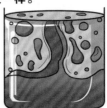

原理：
$3NaHCO_3+C_6H_8O_7 == Na_3C_6H_5O_7+3CO_2\uparrow+3H_2O$

泡腾片中含有固体的碳酸氢钠和柠檬酸，在水中形成溶液后会迅速反应，生成大量二氧化碳气泡水珠，浮到油面上后排放到空气中。

046

化学反应会使物质发生本质性的变化，原来分子中的原子或原子团重新排列组合成新的分子。

我们可以用化学方程式来表明物质发生的化学反应。

$$HCl+NaOH=NaCl+H_2O$$

化学反应常伴随着变色、放气、沉淀等现象，有一些反应还会产生神奇的景象！

铁丝烟花

把铁丝末端缠绕在木棍上，点燃木棍，然后放到充满了氧气的瓶子里。

铁丝像烟花一样燃烧，火星四射。

原理：$3Fe+2O_2 \xlongequal{点燃} Fe_3O_4 \uparrow$

铁丝在氧气环境中燃烧释放出大量热量，熔融状态下的铁水小颗粒被高速挤出来的同时与氧气发生反应，产生火星。

梦幻紫焰

把碘和铝粉均匀混合，再滴加少量水。

形成大量紫色的烟雾，随后燃起绚丽的紫色火焰。

原理：$2Al+3I_2 \xlongequal{H_2O} AlI_3$

碘和铝在常温下不发生反应，但加水催化后，立即发生反应，释放出大量热量，水蒸气、碘蒸气和白色的碘化铝在一起形成大量的紫色烟雾。

03 | 第三章 伪善美骑士

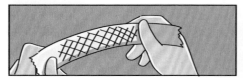

石墨烯

单层碳原子构成的新型材料，具有很大的应用潜力。

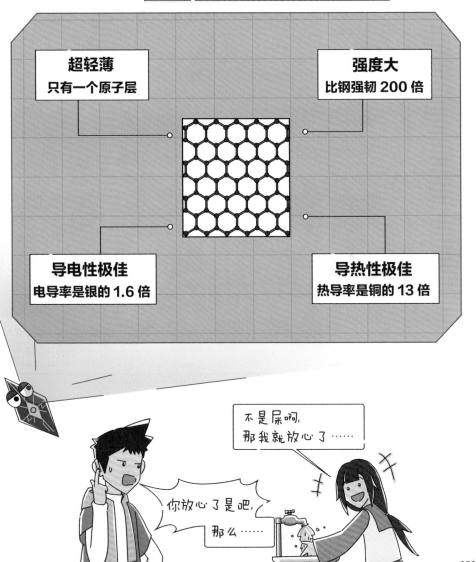

超轻薄
只有一个原子层

强度大
比钢强韧 200 倍

导电性极佳
电导率是银的 1.6 倍

导热性极佳
热导率是铜的 13 倍

你快赔我石墨烯！我用透明胶粘了半天才分离出来的！

?

哎呀！透明胶搞出来的玩意儿，那能值多少钱啊？

看开点儿！

胖尼！

2009 年，英国曼彻斯特大学的两位科学家用透明胶成功分离出石墨烯，获得诺贝尔物理学奖，奖金约 140 万美元。

什么？这比钻石还值钱?!

我要把它当传家宝！

你拿的是发霉的香蕉皮啦

赶快捡回来！

啊！臭死啦！

055

每一颗钻石都保真！我用善良的价格来守护你们的美丽。

这就是我——真善美骑士！

胖尼，查询一下。

米吴，米吴，碳是什么啊，木炭？

碳是一种非常神奇的元素，它具有很高的"亲和力"。

它拥有的化合物种类是所有元素中最丰富的。

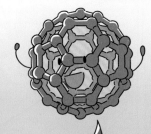

我无处不在哦！

衣服

塑料手机壳

书本里的纸张

汽水里的二氧化碳

木炭

很多东西都含有碳元素。

同时碳也被称为生命元素。

人体、蛋白质、DNA 中都含有碳。

所以地球生物也叫作碳基生物。

我们的身体，是基于碳元素构建起来的。

065

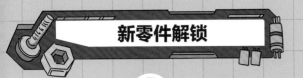

新零件解锁

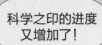
科学之印的进度又增加了！

不会坏烧杯

——装任何化学试剂都不会损坏

- 材质坚固，打不坏，摔不烂
- 耐高温和低温
- 抗强酸和强碱
- 酸碱分离使用

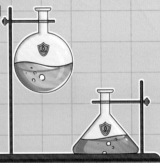

我的柳橙汁新鲜甘甜！

你们这么会装，那我只好拿出我珍藏的——82年的硫酸！

我的热可可富含能量！

这可不能喝啊！

071

世界上的物质由分子、原子等微观粒子构成。

分子是物质中能够独立存在并保持本物质一切化学性质的最小粒子。

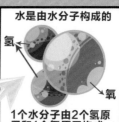

水是由水分子构成的

氢

氧

1个水分子由2个氢原子和1个氧原子构成。

原子以一定的次序和排列方式结合成分子。

原子是物质在化学变化中不可再分的最小微粒，是组成单质和化合物分子的基本单位。

原子由中心的原子核和核外电子构成。

电子就在核外空间运动。

原子核又是由质子和中子构成的。

碳原子结构图

我们把具有相同质子数的同一类原子统称为**元素**。

元素周期表

我们的世界是由100多种元素组成的，为便于研究，科学家把它们有序排列起来，得到了**元素周期表**。

元素周期表按元素原子核的质子数递增顺序为元素编号，称作原子序数。

5	B
硼	
10.81	

周期表中的每种元素都分别列出了中文名称、化学元素符号以及相对原子质量等信息。

1 H 氢 1.008									
3 Li 锂 6.941	4 Be 铍 9.012								
11 Na 钠 22.99	12 Mg 镁 24.31								
19 K 钾 39.10	20 Ca 钙 40.08	21 Sc 钪 44.96	22 Ti 钛 47.87	23 V 钒 50.94	24 Cr 铬 52.00	25 Mn 锰 54.94	26 Fe 铁 55.85	27 Co 钴 58.93	28 N 镍 58.69
37 Rb 铷 85.47	38 Sr 锶 87.62	39 Y 钇 88.91	40 Zr 锆 91.22	41 Nb 铌 92.91	42 Mo 钼 95.96	43 Tc 锝* [98]	44 Ru 钌 101.1	45 Rh 铑 102.9	46 P 钯 106.4
55 Cs 铯 133	56 Ba 钡 137.3	57-71 La-Lu 镧系	72 Hf 铪 178.5	73 Ta 钽 181.0	74 W 钨 184.0	75 Re 铼 186.0	76 Os 锇 190.0	77 Ir 铱 192.0	78 P 铂 195.0
87 Fr 钫 [223]	88 Ra 镭 [226]	89-103 Ac-Lr 锕系	104 Rf 𬬻* [261]	105 Db 𬭊* [262]	106 Sg 𬭳* [263]	107 Bh 𬭛* [264]	108 Hs 𬭶* [265]	109 Mt 鿏* [266]	110 D 𫟼* [269]

072

元素世界

世界上存在的物质种类已经超过数千万，但在化学的世界里，所有物质都不过由百余种的**化学元素**组成。

黄金→金元素

水→氧元素+氢元素

钻石→碳元素

金刚石   C60   石墨

它们的化学元素都是碳，但外形却不一样。

而同样的一种化学元素（原子）也会因为排列方式不同，组成具有不同性质的单质，它们叫作**同素异形体**。

周期表中，对金属元素和非金属元素用不同颜色进行区分。

周期表中的元素按原子序数从左到右、从上到下递增的顺序排列。

							2 He 氦 4.003
		5 B 硼 10.81	6 C 碳 12.01	7 N 氮 14.01	8 O 氧 16.00	9 F 氟 19.00	10 Ne 氖 20.18
		13 Al 铝 26.98	14 Si 硅 28.09	15 P 磷 30.97	16 S 硫 32.06	17 Cl 氯 35.45	18 Ar 氩 39.95
29 Cu 铜 63.55	30 Zn 锌 65.58	31 Ga 镓 69.72	32 Ge 锗 72.63	33 As 砷 74.92	34 Se 硒 78.96	35 Br 溴 79.90	36 Kr 氪 83.80
47 Ag 银 107.9	48 Cd 镉 112.4	49 In 铟 114.8	50 Sn 锡 118.7	51 Sb 锑 121.8	52 Te 碲 127.6	53 I 碘 126.9	54 Xe 氙 131.3
79 Au 金 197.0	80 Hg 汞 200.6	81 Tl 铊 204.5	82 Pb 铅 207.0	83 Bi 铋 209.0	84 Po 钋 [209]	85 At 砹 [210]	86 Rn 氡 [222]
111 Rg 轮* [272]	112 Cn 鎶* [285]	113 Uut * [278]	114 Fl 铁 [289]	115 Uup * [288]	116 Lv 铊 [289]		118 Uuo * [294]

*表示人造元素

04 | 第四章
第93号金属

轰隆隆!

一大早的,让不让人睡觉啦!

下床

这个机器人声音真好听……

早安,米吴先生。我是金博士的机器人管家萨莉,今天由我负责接送你去研究所。

直升机,好酷啊!

扫描

石墨纤维增强镁合金材料

行星齿轮结构驱动装置

多么可爱迷人的配置啊!

金属画

金属花

金属灯

金属羊头

目瞪

口呆

金属摆件

哇哦!

这房子里面居然是……

我带你们参观一下吧.

我知道! 铁就是金属!

少年们, 你们了解金属吗?

铁是地壳含量第四的金属. 不过, 金属还有很多种类哦!

比如, 这个茶壶是银制的, 它导电和导热功能很好.

啊, 烫烫烫!

烫

吱

别生气，可霏女士，选到这把椅子的客人，我都会送一个礼物。

给

我摔了一个屁股蹲儿，给一个纽扣就想打发我？

是金属锇的元素符号。

有点儿重，密度应该挺大的。

锇
铂族金属成员之一，是目前已知密度最大的金属。
原子序数：76　　相对密度：22.57 g/cm³
元素符号：Os

Os

熔点　　熔点 3045 摄氏度

沸点　　沸点 5027 摄氏度

钞票　　　　　　錴

没错，就是錴。

它的价值跟黄金差不多，这一块差不多值个万把块钱吧。

什么?!

我突然不生气了。谢谢博士！

她情绪还真能切换自如？

可霏，没想到你是这种人。

啊，我裙子没口袋！

能收保管费吗？

先借你玩一会儿，可千万别弄丢了哦。

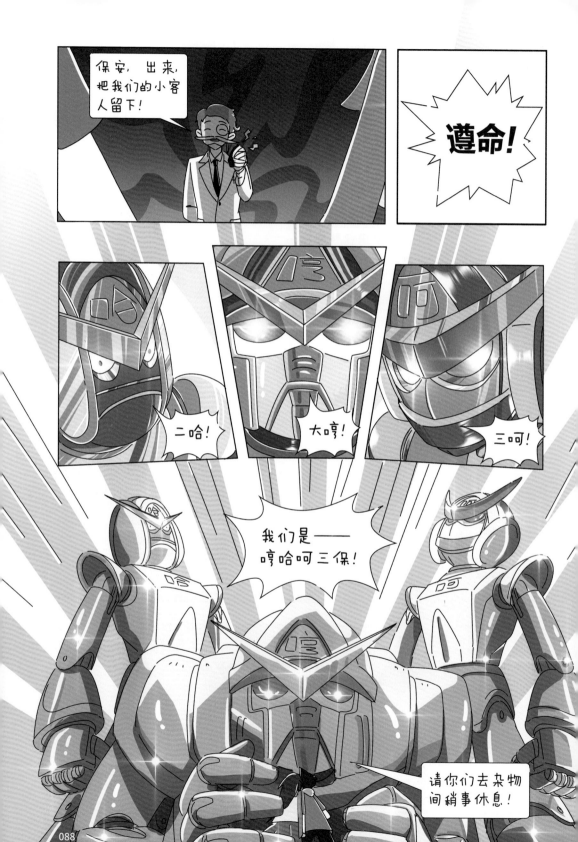

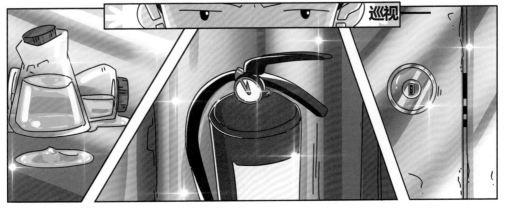

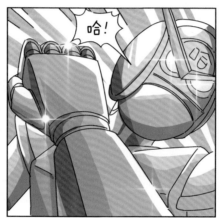

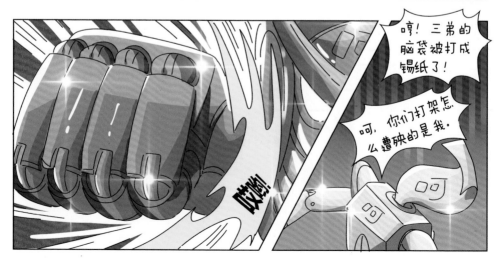

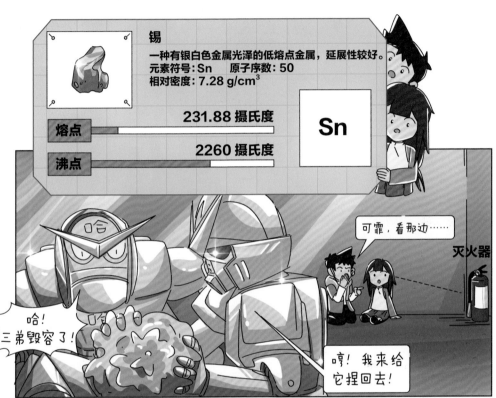

现在解决开门的问题

这真的能行吗?

你试试就知道了!

你蹲好,别偷看!

把刚才坐恶作剧之椅沾上的金属镓……

放到金属门把手上……

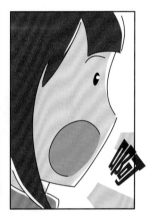

啊

怎么了,怎么了?

门把手真的被腐蚀了!

我完了。

我让你回头睁眼了吗?

米——呆——我要揍扁你!

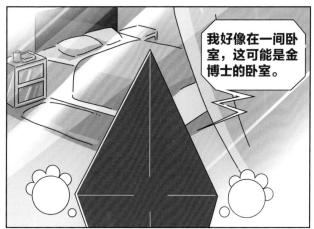

我好像在一间卧室，这可能是金博士的卧室。

嘘！金博士在里面。

哎哟！

上次你提到的那两个小孩儿在我这里。

你当然可以把他们带走，乌兹先生。

我只要那个93号金属……

乌兹？他和乌德那群坏蛋是一伙儿的！

我们先去救胖尼。

好像是这里。

米吴,可霏,救我!

暴力破坏容易惊动金博士。

使用化学方法比较稳妥,那得先改变玻璃的原子核……

怎么把胖尼从玻璃罩里解救出来呢?现在的情况是需要降低噪声。

拉

这么简单!

真是感人的友谊啊!

我也不忍心再把你们分开了。

胖尼,可霏……

呜呜呜

我以为再也见不到你们了。

全剧终

完了，完了！胖尼就要被制成金属标本，永远地被禁锢在周期表里面了。

而我和米吴会落到乌兹的魔爪里，生死难料！米吴科学漫画到此就完结了！

咳咳

我们还有机会。

Cs

铯 一种淡金黄色活泼金属，能与水剧烈反应生成氢气且爆炸。
元素符号：Cs
相对密度：1.87 g/cm^3
原子序数：55

| 熔点 | 28.5 摄氏度 |
| 沸点 | 670 摄氏度左右 |

Cs

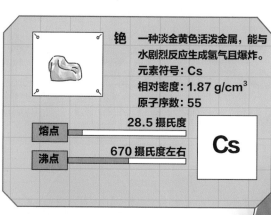

就是这堵元素墙有点儿可惜，但科学研究的前提是为人类服务。

先用铯加水引爆墙体，旁边的钾、钠遇火也会爆炸。到时候，这堵元素墙就是一个连环炸弹。

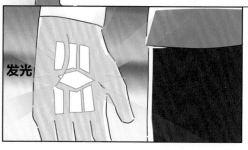

发光

钛（Ti）：一种银白色的过渡金属，其特征是重量轻、强度高、耐高温和低温，有良好的抗腐蚀能力。由于其稳定的化学性质，被誉为"太空金属"。

米吴，安可霏，你们绝对会后悔的。

嘿嘿，别以为这事就这么完了。

第93号金属元素是属于我的。

科学之印的进度又增加了！

万能催化剂

——为现实中的各种化学反应提速

- 用量少，催化快
- 定时提醒功能
- 易于蒸馏，可反复使用

金属

金属一般都具有良好的导电性、导热性、延展性，并有金属光泽。

自然界 100 多种元素中，大部分都属于金属元素。

金属元素的名字大多带"钅"旁。

金属与非金属（如氧、硫）很容易形成化合物。

金属元素

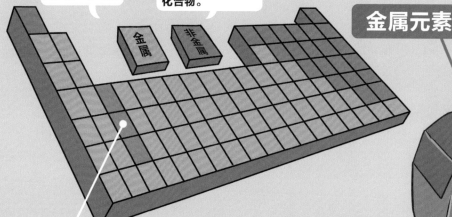

金属

非金属

有一类性质相似，在自然界共生的金属元素叫**稀土元素**，它们是元素周期表中镧系元素加上钪和钇，共 17 种元素。在合金中加入它们可大大改善性能，因此被誉为新材料的宝库！

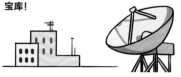

金属的应用

纯金属由于性能的局限性，应用不广，通常会在里面加入其他元素，制成让它适应更多需求的**合金**。

钢 就是加了少量碳等其他元素，比纯铁有更好的性能和硬度。

纯铁

加入其他元素改变原子排列，增加硬度

钢

钛合金 是 21 世纪最重要的金属材料，它各项性能良好，被广泛用于航天、通信、人造骨骼等领域。

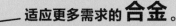

绝大多数金属都存在于矿石中，只有少数金属如铜、金、铂和银常以游离状态存在。

工业上通常把金属分为黑色金属和有色金属两大类。

铁、铬、锰及其合金被称为**黑色金属**。

其他金属因为大多具有一定的色泽而被称为**有色金属**。
其中有：

金属的种类

密度较大的**重金属**

铜　　铅　　锌

密度较小的**轻金属**

铝　　镁　　钠

难以分离提取或资源很少的
稀有金属
锂　　钛　　锆

地壳中储量很少，但拥有美丽的色泽和较强化学稳定性的**贵金属**
金　　铂族金属

金属之最

铁是世界上使用最广泛、产量最高的金属。

人体中含量最多的无机盐组成元素是**钙**，约占人体质量的 1.4%。

密度最大的金属是**锇**，它的密度约是铁的 3 倍。

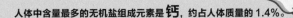
最硬的金属是**铬**，硬度仅次于钻石。

最贵的商用金属是**锎**，每克 1.8 亿元，比金贵 40 多万倍。

熔点最高的金属是**钨**，熔点是 3410 摄氏度，电灯的灯丝温度可高达 3000 摄氏度左右，只有钨才能顶得住这么高的温度。